상추

유기재배

초판인쇄 2012년 3월 20일
초판발행 2012년 3월 20일

책임진행 농촌진흥청 농촌지원국 김영수 · 허수범 · 김근영
엮은이 국립농업과학원 강충길 · 김민정 · 김용기 · 남홍식 · 박광래 · 박종호 · 박흥경 · 심창기 · 안난희 · 이관석 ·
　　　　　이민호 · 이병모 · 이상민 · 이상범 · 이 연 · 이용기 · 이지현 · 조정래 · 지형진 · 최현석 · 한은정 · 홍성준
　　　　　전라북도농업기술원 소현규　　포천시농업기술센터 최광영

펴낸이 채종준
디자인 곽유정 · 이종현 · 박능원

펴낸곳 한국학술정보(주)
주소 경기도 파주시 문발동 파주출판문화정보산업단지 513-5
전화 031-908-3181 (대표)
팩스 031-908-3189
홈페이지 http://ebook.kstudy.com
E-mail 출판사업부 publish@kstudy.com
등록 제일산-115호(2000. 6. 19)

ISBN　978-89-268-2959-2 93520 (Paper Book)
　　　　978-89-268-2960-8 98520 (e-Book)

상추

유기재배

목 차

Part 01

유기농 상추

상추는 국화과 채소 중 가장 널리 재배되는 작물로 외국에서는 주로 샐러드용으로 이용되고 있으나 우리나라에서는 대부분 쌈용과 샐러드용으로 잎상추를 재배하고 있다. 상추는 고려시대부터 재배되기 시작하였으며 최근에는 외식산업의 번성과 함께 육류 소비가 늘면서 상추 소비와 재배면적도 크게 늘었다. 상추 재배면적은 약 5,248ha 정도이며, 연간 생산량은 141,259톤가량 된다('10, 농림수산식품부).

- 유기농재배에서는 유기종자를 사용하는 것이 원칙이며 GMO종자나 화학적으로 처리한 종자를 사용해서는 안 된다. 다만 일반적인 방법으로 유기종자를 구할 수 없을 때는 예외로 한다.
- 유기농 상추는 유기농산물 생산기준을 만족해야 하고 포장에 표기는 아래와 같이 한다.

표 1. 유기농산물의 기준과 표시

인증기준	• 유기합성농약과 화학비료를 사용하지 않고 재배한 농산물 (전환기간: 다년생 작물은 3년, 그 외 작물은 2년)
인증마크 및 표 시	 기존 로고　　새로운 로고	• 유기농산물, 유기축산물 또는 유기○○ (○○는 농산물의 일반적 명칭으로 한다) • 예: 유기재배 상추 • 기존 로고는 2013년까지 병행사용

출처: 국립농산물품질관리원

Ⅰ. 상추 품종

상추 품종은 잎의 모양과 크기, 잎의 퍼짐 정도와 결구성, 줄기의 형태 등으로 구분한다. 일반적으로 샐러리상추, 줄기상추, 잎상추, 결구상추 등 4가지로 구분되며 잎은 녹색 또는 적색이고 잎 표면은 부드러우며 비타민A, B, C, E 및 철을 다량 함유하고 영양이 풍부하다. 국내에는 잎상추, 샐러리상추, 결구상추가 주로 재배되고 있다.

표 2. 상추의 품종 구분

구 분	학 명	품 종
샐러리상추 (Cos Lettuce, Romaine Lettuce)	*Lactuca sativa* L. var. *longifolia* L_{am} (var. *romana* H_{ort})	Caesar Green, Caesar Red
• 잎은 스푼 모양이고 가운데가 크며 벽록색이다. • 잎의 질은 연하고 품질이 좋아 생식에 적당하다.		
줄기상추 (Stem Lettuce 또는 Asparagus)	*Lactuca sativa* L. var. *asparagina* BAILEY(var. *angustana* IRISH)	Celtuce, 특선안령순(特選雁翎笋), 춘추이백피(春秋二伯皮)
잎상추 (Leafy Lettuce)	*Lactuca sativa* L. var. *crispa* L_{inn}	– 축면상추: 뚝섬적축면, 뚝섬청축면 – 치마상추: 청치마, 적치마 – 도입상추: Oak Leaf, Grand Rapids, Salad Bowl, Lolla Rosa 등
• 결구하지 않으며, 잎의 가장자리가 오글오글 하고 녹색 또는 갈색 바탕에 녹색을 나타내는 것도 있다. • 우리나라에서 가장 많이 재배되고 있다.		
결구상추 (Head Lettuce)	*Lactuca sativa* L. var. *capitata* L_{inn}	– 크리습헤드형(결구형): Great Lakes, Iceberg, New York, Pennlake, Ulake, 사크라멘트 – 버터헤드형(반결구형): Boston계
• 잎상추에 비해 생육기간이 길고 저온에 견디는 힘도 약하므로 재배시기와 지역의 제한을 받는다.		

Ⅱ. 품종 선택

- 국내에서 주로 재배되는 상추는 재래변종인 축면 포기 잎상추(적축면, 청축면)과 잎을 하나하나 따면서 오랫동안 수확하는 치마 잎상추(적치마, 청치마)가 주종을 이루고 있고 그 외에 결구 상추가 일부 재배된다.
- 품종은 잎의 형태와 추대시기 등의 특성을 파악하여 선택한다.
- 저온기에는 안토시안 색소[1]가 잘 발현되는 잎색이 진한 적축면이나 적치마가 좋고, 고온기에는 청축면이나 청치마가 유리하다.

표 3. 재배 작형별 상추 품종

재배 작형	적 품 종		결구상추
	잎상추		
봄 재배	삼선적축면, 뚝섬적축면, 주홍적축면, 자주적축면, 자홍치마, 미풍포찹, 흑쌈치마, 신기추, 선홍적축면		텍사스그린, 살리나스-88
고랭지재배	여름청치마, 만추대청치마, 여름청축면, 자주적축면, 자홍치마, 선농포찹, 만풍자치마, 여름적치마		풍성(봄 · 가을), 아담(전국), 유레이크, 만추텍사스그린
가을 재배	뚝섬적축면, 자주적축면, 자홍치마, 흑쌈치마, 신기추, 선홍적축면		겨울아비, 사크라멘트
겨울 재배	화홍적축면, 권농포찹, 홍쌈, 토종맛적축면, 명품토종적축면		겨울아비, 시저스

---

1 안토시안 색소: 식물의 꽃 · 열매 · 잎 등에 나타나는 수용성 색소이다.
항산화 효과, 시력 회복 효과가 있으며 항 당뇨 작용, 소염 및 살균작용, 노화 방지 작용(치매 예방 효과), 피를 맑게 하는 작용을 한다.

Part 02

육
묘 관
리

Ⅰ. 파종하기

1. 종자준비

- 종자 저장온도: 0~4℃(반드시 냉장고에 저장한다.)
- 종자 소독: 물리적인 방법으로 온탕침지법이 있다. 50℃ 온수에서 10~20분간 처리하면, 발아율의 장애 없이 종자 소독을 할 수 있다.
- 종자 파종량: 60mL/10a 내외, 7,500립/20mL
- 발아적온: 15~20℃

2. 파종 요령

- 종자는 건조된 종자를 바로 파종할 수 있으며, 약 25℃ 물에 2~3시간 침종 후 수분을 없애고 젖은 물수건을 덮어서 1일 정도 지난 후 파종하면 발아가 빠르고 일정하게 싹이 난다.
- 파종은 육묘상을 만들어 6cm 간격으로 작은 골을 내어 파종하는 방법과 플러그 트레이에 파종하는 방법이 있다. 128공 또는 72공 플러그 트레이에 파종하는 것이 관리가 편리하고 모가 고르게 자라 본밭에 심어도 잘 자란다.

파종 시 주의사항

- 파종 후 종자 발아 시 8℃ 이하의 저온에서는 생육이 거의 정지되어 수확을 못하게 된다.

- 파종상의 적당한 온도는 15~20℃이고, 저온에서는 발아가 늦어지며 20℃ 이상의 고온에서는 발아율이 떨어진다.
- 파종상의 면적은 5~6.5m² 정도가 적당하고 포장 준비는 정식 예정일보다 1~2주 전에 한다.
- 파종 후 7일 정도면 싹이 트는데 촘촘히 심어진 곳은 솎아준다.
- 육묘기간은 봄·가을은 30일, 여름철은 25일, 겨울철은 35~40일 가량 소요된다.

1. 상토의 구비 조건

육묘용 상토 자재를 선택하기 전에 다음 사항을 고려한다.

- 생육에 적절한 근권[2] 환경을 만들며 물리 화학성이 좋고 내구성을 지녀야 한다.
- 자재의 종류에 따라 재이용이 가능한 것은 회수되어 재활용 될 수 있어야 한다.
- 자재가 자연에 풍화·분해되어 쓰레기를 발생시키지 않고 포장 등의 재배 환경을 손상시키지 않아야 한다.
- 악취·오염 등이 없이 작업자가 쾌적하게 작업할 수 있어야 한다.

----

2 근권: 식물뿌리 작용이 미치는 범위의 토양.

2. 상토의 주요 자재

상토의 주요 자재는 주자재와 부자재로 구분할 수 있다.

- **주자재**: 코코피트, 피트모스, 제올라이트 등
- **부자재**: 버미큘라이트, 펄라이트, 벤토나이트, 규조토, 모래, 황토, 가열점토, 나무껍질, 톱밥, 두엄, 작물의 부산물 등

······ 육묘상토 활용 시 주의사항 ······

- 공극률이 매우 적은 육묘상토를 크기가 작은 용기에 사용할 경우 생육이 저하될 수 있다.
- 다른 상토재료를 임의로 혼합하는 경우 병원균의 오염 및 상토의 균일성이 저해될 수 있다.
- 포트의 바닥 부분이 지면에 밀착하면 토양 병원균의 오염, 상토의 통기불량을 초래할 수 있다.
- 지나치게 물을 많이 주면 과습되거나 영양분이 용탈(물에 녹아 없어짐)된다.

Ⅲ. 정식하기

- 본잎이 5~6장 전개되었을 때 정식한다.
- 본밭은 정식 10일 전까지 밑거름(퇴비 등)을 넣고 경운 정지하여 이랑을 만들어 두어야 가스 장애를 받지 않는다.
- 정식하기 전에 충분히 물을 주어 뿌리에 흙이 많이 붙은 상태로 정식한다.
- 제초 목적으로 유색비닐을 멀칭한다. 검은색 비닐이 제초효과가 가장 높으나 토양 전면을 피복하는 것은 바람직하지 않다.
- 결구상추는 내한성이 약하기 때문에 정식할 때 멀칭을 해주면 생체량을 크게 증가시킬 수 있다.
- 배수가 불량한 점질토양에서는 이랑높이 20cm 정도에 2줄로 정식한다.
- 시설 재배 시에는 120cm 이랑에 5~6줄 간격으로 정식한다.
- 정식 간격
  - 잎상추는 15×15cm, 15×20cm 정도가 무난하고, 밀식할 경우 10×15cm가 한계이다.
  - 결구상추는 30×30cm, 반결구상추는 25×25cm 간격으로 심는다.

……… 정식 시 주의사항 ………

- 상추는 가는 실뿌리가 많으나 약하여 잘 끊어지므로 가급적 육묘 포트의 흙을 부서뜨리지 말고 잘 뽑아 정식해야 활착이 좋고 생육이 빠르다.

Part 03

•

토양 관리

Ⅰ. 관리 요인

1. 산도(pH)

- 상추는 토양산도에 상당히 민감하게 반응하는 채소이므로 토양산도가 pH 6 정도를 크게 벗어나지 않고 적정범위를 유지하도록 토양을 관리한다.
- pH 5 이하에서는 상추 뿌리가 직접적으로 피해를 받아 검게 변하면서 죽게 되고 pH 7 이상에서는 필요한 양분을 토양에서 흡수하지 못하여 생육이 억제된다.

2. 전기전도도[3](EC : Electric Conductivity)

- 다년간 연작한 상추 재배지의 경우 염류집적으로 인한 피해가 흔히 발생한다.
- 특별한 병증이 발견되지 않으면서 생육이 불량하면 토양검정 후 전기전도도를 1.5mS/cm 이하로 유지되도록 관리한다.
- 상추는 전기전도도가 2mS/cm만 되어도 염류장해로 생육이 억제되며 산성토양에서는 잘 자라지 않는다.

---

3 전기전도도: 물질이 전류를 흐르게 할 수 있는 능력으로 토양에서는 염류가 많을수록 수치가 높아 염류집적 정도를 알 수 있다.

3. 통기성

- 상추는 토양산소 부족에 견디는 힘이 강한 채소이나 통기성이 5% 이하(물빠짐이 불량하고 물이 고여 있는 상태)가 되면 생육이 극히 저하된다.
- 통기성이 불량하면 미량원소의 흡수가 어렵게 되고 토양 내 산소 부족과 이산화탄소 농도의 증가로 뿌리호흡이 어려워져 뿌리는 갈색으로 변하면서 부패하고 지상부가 말라죽는다.
- 또한 유기물의 분해가 느리고 불완전하게 분해되어 뿌리에 유해한 유기산이 생성된다. 특히 질소질이 많이 포함된 물질이 혐기분해되면 암모니아가 발생되어 가스 피해를 입는다.
- 지하수위가 높아 과습한 토양이나 배수가 불량한 토양 또는 점질 양토는 통기가 불량하므로 퇴비를 넣어 통기가 잘되도록 해야 한다.

4. 토양 온도

- 상추의 토양 적정온도는 15℃ 전후이다. 토양에 수분이 많아 축축한 상태에서는 일출 후 장시간이 지나도 토양 온도가 빨리 오르지 않으며 뿌리 활력이 낮아진다.
- 적정지온을 벗어날 경우 뿌리의 발육과 흡수작용이 둔화되어 지상부 잎의 생육속도가 느려져 생산성과 품질이 저하된다.

표 1. 상추 재배에 적합한 토양형태 및 물리성

지 형	경 사	토 성	유효토심	배수성
평탄지~곡간지	0.7%	사양토~식양토	50cm	양호~약간 양호

표 2. 상추 재배에 적합한 토양화학성

pH (1:5)	OM (g/kg)	Av.P_2O_5 (mg/kg)	Ex. ($cmol^+$/kg)			CEC ($cmol^+$/kg)	EC (dS/m)	NO_3-N (mg/kg)
			K	Ca	Mg			
6.5~7.0	20~30	250~450	0.40~0.60	6.0~7.0	2.0~2.5	10~15	2 이하	50~200

Ⅱ. 퇴비 시용

- 상추는 생육기간이 짧고 뿌리도 잘 발달되지 않으므로 양분 시용은 밑거름 중심으로 충분히 주어야 한다.
- 상추는 생식채소이므로 완숙퇴비만을 사용하도록 하고 인분뇨의 사용은 절대 금한다.
- 퇴비 및 석회는 표준시비량을 참고하여 퇴비량을 환산하여 처리한다(표 3).
- 점질토양에서는 양토 또는 사질양토보다 시비량을 줄이는데, 특히 질소와 칼리성분을 반 정도 적게 투입한다.
- 결구상추는 잎상추보다 다소 많은 양의 양분을 필요로 하며, 인산질이 부족하면 결구가 잘되지 않는다.

- 질소는 증수의 중요한 성분이지만 과다할 경우 병해충의 발생이 많아지고 미량요소 결핍증상이 발생한다.
- 토양이 산성화되면 토양 중 양분의 흡수가 억제되어 생육이 불량해지고, 특히 석회가 부족하면 잎 썩음 증상을 일으킨다.
- 미숙퇴비를 시설토양에 투입할 경우 유해가스의 발생 및 염류축적 등의 문제가 생기므로 완전히 부숙 시킨 후 사용해야 한다.

표 3. 상추의 양분 및 퇴비 · 석회 시비량   (단위: kg/10a)

구 분	잎상추		결구상추	
	노 지	시 설	노 지	시 설
질 소	20.0	10.2	7.5	8.2
인 산	5.9	4.9	6.1	6.5
칼 리	12.8	8.7	5.6	4.3
퇴 비	1,500	1,500	1,500	1,500
석 회	200	200	200	200

Ⅲ. 유기퇴비 제조 기술

1. 원료 준비 및 특성

유기퇴비 제조에 사용되는 유기물 원료로는 농산부산물, 수산부산물, 임산부산물, 각종 산야초 및 점토광물들이 있다.

- **주재료(유기물 공급원)**: 볏짚, 파쇄목, 산야초 등

- **부재료(양분 공급원)**: 쌀겨, 깻묵, 식물성 유박 등

표 4. 주요 유기물 자원별 이화학적 특성 및 성분함량(건물 기준)

유기물원		pH	EC (dS/m)	OM (g/kg)	T-N (%)	C/N율	P_2O_5 (%)	K_2O (%)
볏 짚		6.4	1.86	893	0.67	77	0.28	0.89
파쇄목		6.3	2.36	930	0.12	450	0.03	0.39
수 피		4.6	0.51	908	0.31	170	0.52	0.73
톱 밥		4.9	0.42	939	0.08	680	0.12	0.19
폐배지		4.9	3.18	926	1.25	43	0.69	0.47
유 박		5.6	2.95	877	6.50	7.8	3.01	1.36
쌀 겨		6.1	3.47	907	2.25	23	4.31	2.57
돈 분		6.1	17.28	782	2.25	20	3.28	1.08
산야초	갈 대	5.7	9.63	895	2.84	18	3.02	1.76
	억 새	6.0	11.40	922	3.58	15	1.87	1.84
	칡 잎	6.2	9.48	916	2.86	19	0.37	2.37
	떡갈나무	4.3	6.64	929	2.37	23	0.88	1.60

2. 제조 과정

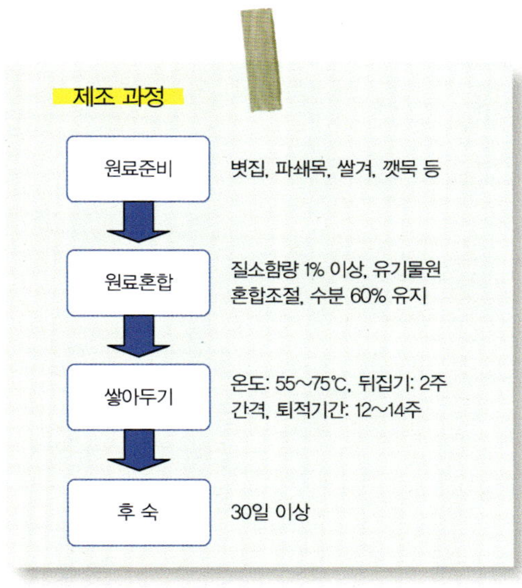

- **중 · 산간지대**: 임산부산물
  - **종류**: 톱밥, 수피, 파쇄목, 대팻밥, 산야초 등
  - **특징**: 유기물 함량이 높고, 질소 함량이 낮아 비료로서 가치가 낮으나 흡습성과 통기성이 양호하여 토양 물리성 개량제로 가치가 크다.
- **평야지대**: 농부산물
  - **종류**: 볏짚, 왕겨, 보릿짚 등
  - **특징**: 유기물이 풍부하여 자원 확보가 용이하므로 양질의 퇴비 원료로 적절하다.

퇴비 원료들

퇴비 원료(농부산물)

4. 혼합 방법

- **중·산간지대**: 수피 또는 파쇄목과 깻묵을 7:3 비율로 혼합한다.
- **평야지대**: 볏짚과 쌀겨를 7:3 비율 또는 볏짚과 깻묵을 8:2 비율로 혼합한다.
- 기타 농가부산물, 해산부산물, 미생물제, 용성인비 등을 첨가하여 양분을 공급한다.
- 주재료와 부재료를 층층이 혼합(질소 1% 이상 함유됨)한다.
- 수분은 50~60%로 유지(손으로 쥐어서 물이 스며 나올 정도)한다.

5. 쌓아두기

- 퇴비더미는 공기가 잘 통하여 퇴비화 과정이 충분히 일어날 수 있도록 폭 2m, 높이 1m 이상이 되지 않도록 야적한다.
- 빗물에 의한 유출수 방지 및 보온을 위하여 퇴비더미를 비닐 등으로 덮어준다.

퇴비 야적 모습

퇴비화 과정을 촉진시키고 균질한 부숙을 위하여 약 2주 간격으로 뒤집기를 실시하는 것이 좋다.

퇴비 뒤집는 모습

Ⅳ. 피복 및 녹비작물

- **토양의 입단화 형성효과**

  – 유기물을 투여함으로써 토양이 부드러워지고 보수성이 좋아진다.

- **침투성 개선효과**

  – 심근성인 녹비작물은 토양에 깊이 뿌리를 내리므로 토양을 경운하는 효과를 주어 배수성을 개선한다.

2. 토양화학성 개선

- **보비력 증대**
  - 토양에 섞인 녹비작물은 미생물에 의해 분해되어 부식된다. 부식은 칼슘, 마그네슘, 칼륨, 암모니아태질소(NH_4^+)를 유지하는 힘이 있기 때문에 토양의 보비력이 증대된다.

- **염류집적 억제**
  - 시설하우스 내 과잉염류를 녹비작물이 흡수하여 추출함으로써 염류집적을 방지한다.

- **토양 중 질소 고정**
  - 콩과의 녹비작물은 뿌리에서 공생하는 근균류(근권세균)의 활동으로 공기 중의 질소를 고정하여 토양을 비옥하게 한다.

3. 토양생물성 개선

- **풍부한 토양미생물상 형성**
  - 녹비작물의 뿌리로부터 나오는 분비물과 갈아엎은 녹비를 먹이로 한 다양한 유효 미생물의 밀도가 높아진다.

- **염류경감 및 병해충 억제**
  - 채소 등의 주작물과 녹비작물의 윤작을 체계화함으로써 토양염류장해를 경감할 수 있으며 선충과 토양 병해를 억제한다.

콩과 및 십자화과는 토양개량과 함께 아름다운 꽃을 볼 수 있어 주위의 경관을 아름답게 하며 표트의 풍식을 방지하는 효과도 있다.

5. 상추 재배 시 유용한 녹비작물

➕ 수단그라스(Sudan Grass)

- 시설상추 재배 시 1작기가 끝나고 2작기가 시작되는 6월 상순부터 중순 사이에 수단글라스를 10a당 5kg을 파종하여 20일 이상 재배하면 당근뿌리혹선충 방제에 효과가 높다.

수단그라스

➕ 귀리(Wild Oats)

- 뿌리혹선충과 뿌리썩음선충 억제 효과가 있다.
- 초기 생육이 빨라 잡초의 조기억제뿐만 아니라 다량의 유기물을 얻을 수 있고 타 녹비에 비해 파종과 재배가 용이하다.

- **파종기**
  - **고랭지**: 봄 파종(4월 하순~6월 상순), 여름 파종(8월 상순~9월 상순)
  - **일반지**: 봄 파종(3월 상순~5월 하순), 여름 파종(8월 하순~9월 상순), 만추파종(10월 하순~11월 하순(월동재배))
- **파종량**: 10a당 15kg
- **갈아엎기**
  - 파종 60일 전후, 초장 80cm 이후 출수기가 적기이다.
  - 갈아엎는 시기가 늦어지면 녹비작물이 결실을 하여 본 작물이 재배될 때 다시 녹비가 자라는 결과를 초래한다.
  - 본 작물 파종 전까지 3회 정도의 로터리 작업을 실시한다.
  - 부숙기간은 3~4주가 소요된다.

✚ 네마장황(Crotalaria, 크로탈라리아)

- 뿌리혹선충과 뿌리썩음선충 등 선충 억제효과의 폭이 넓다.
- 줄기 속이 비어 있어 장기간 재배하여도 딱딱해지지 않고 갈아엎기 쉬우며 장기간 재배하면 여러 종의 선충을 퇴치할 수 있다.
- 휴경지에 심으면 토양개량과 경관을 아름답게 하여 관광자원으로도 이용될 수 있다.
- **파종기**
  - **고랭지**: 6월 상순~7월 하순(하우스)
  - **일반지**: 6월 상순~7월 중순
  - **제주도**: 5월 상순~8월 상순
- **파종량**: 10a당 6~9kg(산파)
- **갈아엎기**

- 초장이 1~1.5m, 노란색 꽃이 개화한 후 트랙터로 갈아엎는다.
- 후작을 심기 전까지 로터리 경운을 2~3회 정도 해준다.
- 부숙기간은 2~3주 정도를 준다.

네마장황

········ 네마장황 파종 시 주의사항 ········

● 무리하게 일찍 파종하면 저온어 의한 발아 및 생육불량이 나타날 수 있다. 발아 시 종자
에 충분한 수분흡수가 필요하드로 토양 수분을 알맞게 유지하는 것이 중요하다.

6. 토양 비옥도의 지속적 관리 과정

- 토양의 건전성과 생물학적 활성을 평가한다.
- 건전성을 직접 평가해본다. 토양 감촉과 냄새 등을 확인해 본다.
- 다음 가능성을 고려해본다.
  - 피복작물이나 윤작을 이용할 수 있는가?

- 농경지 근처에 작물에 필요한 영양을 공급하기 위해 사용할 수 있는 유기물원이 있는가?
- 유기질비료나 토양개량제를 사용하기 전에 성분분석을 먼저 실시한다(작물이 필요로 하는 양분 수준을 아는 것은 필요한 양분량을 알려주어 비료 사용량을 크게 줄여줄 수 있다).
- 퇴비는 다루기 쉽고 냄새도 적으며 부피도 적으나 값이 비싸므로, 실천 농가 스스로 만들어 쓰면 비용을 줄일 수 있다. 가축분보다 식물에 대한 양분 공급 효과는 낮으나, 느리게 분해되므로 양분 손실을 최소화 할 수 있다.
- 많은 종류의 식물이 피복작물이나 녹비작물로 활용될 수 있다.

V. 윤작 및 간작

작물을 일정한 순서에 따라서 교대하여 재배하는 윤작(돌려짓기)은 유기재배의 기본으로 토양건전성 및 지력유지에 필수적 실천사항이다. 간작은 작물 간의 상호작용을 증진시키기 위한 방법으로 2개 이상의 작물을 근접하게 재배하는 것을 말하며 생산성 향상 도모, 잡초방제, 해충방제 등의 이점이 있다.

- 시설재배지에서는 연작에 따른 토양병해충 발생 및 염류집적으로 인한 연작장해를 방지하기 위해 윤작을 실시하는 것이 유익하다.
- 상추를 재배하고 얼갈이배추나 오이 등을 한 번씩 번갈아 재배하

기도 한다.

- 샐러리상추의 경우 가지와 간작했을 경우 수확량이 증가한다.
- 잠두와 상추를 1열 대 1열, 또는 2열 대 2열로 심었을 때 잡초 억제 효과가 크다.
- 당근과 잎상추 또는 당근과 결구상추를 간작하였을 때 상추의 생산량이 증대되었다.

Part 04

재배 관리

- 상추는 정식 이후부터 관리가 비교적 용이한 작물이다.
- 수분 요구량이 많은 채소이므로 생육기에 충분히 관수한다.
- 상추는 비교적 서늘한 기후에서 잘 자라는 채소이다.
- 봄 · 가을은 상추의 생육적온과 일치하기 때문에 환기와 온도를 적절히 조절하면 잘 자란다.
- 더위에 약한 채소이므로 고온기엔 차광망을 이용한다.
- 다습할 경우에 노균병 등 곰팡이에 의한 병 발생이 많아지므로 환기와 관수량을 적절히 조절해 준다.

Ⅰ. 재배 작형

- 상추는 생육기간이 비교적 짧고 내한성도 강하며 수요가 연중 계속 되는 특징이 있어, 연중 공급체계가 비교적 잘 확립되었다(잎상추와 결구상추의 재배 작형은 표 1, 2에 나타내었다).
- 시설하우스에서 상추를 다년간 연작할 경우 토양전염성 병해충, 토양 중 특정 성분결핍 등으로 인해 연작장해를 입기 쉬우므로 반드시 1년 중 1회 이상 다른 작물을 재배하는 것이 바람직하다.

작 형	파종기	정식기	수확기	육묘 방법	비 고
봄 파종 재배 (평지)	1월 상순	2월 하순~ 3월 상순	4월 중순~ 5월 상순	온 상	비닐하우스 또는 터널 재배
	2월 상순	3월 하순~ 4월 상순	5월 하순~ 6월 하순	온 상	온상 파종 후 냉상육묘
	3월 중·하순	5월 중순~ 5월 하순	7월 상·중순	냉상노지	직파재배도 가능
가을 파종 재배 (평지)	9월 중·하순	9월 하순	12월 상·중순	노 지	싹틔워 파종 하우스·터널 재배
	9월 중·하순	11월 상·중순	2월~3월	노 지	–
고랭지 재배	4월~ 5월 상순	5월~6월	7월~8월	냉 상	표고 700m 이상
	6월~7월	–	9월~10월	노 지	표고 1,100m 이상

재배 작형	재배 지역	파종기	수확기
촉성 재배	난 지	10월 상순~ 10월 하순	1월 상순~ 2월 하순
터널 재배	난 지	10월	3월~4월
봄 재배	전 국	2월	5월~6월
	고랭지	4월~5월	7월~8월
여름 재배	고랭지	6월~7월	9월~10월
가을 재배	전 국	8월~9월	11월~12월

Ⅱ. 물 관리

- 상추의 물 관리는 분수식 관수가 보편적이나 잎을 생식하는 상추에서 분수호스 관수는 흙탕물이 잎에 튀어 상품성을 떨어뜨릴 수 있으므로 주의한다.
- 컬러비닐 멀칭을 하거나 점적호스로 관수하는 것이 좋다.

1. 토양 수분

- 상추는 상당한 양의 수분을 요한다.
- 발아 시 특히 많은 수분이 요구되고 발아 후에 건조해를 받기 쉬워 토양 수분관리에 유의해야 한다.
- 생육기간 중 포장용수량의 60~80% 정도를 유지해 주는 것이 상추 생산에 유리하다.
- 과도한 수분은 뿌리 부근 토양의 산소부족현상을 유발하여 뿌리 호흡을 억제하고 양분과 수분 흡수를 어렵게 하여 생리장해를 유발한다.
- 배수가 불량한 논토양에서는 두둑을 높이 만들고 가급적 점적호스를 이용하여 물을 주면 토양 중 산소공급과 수분공급을 원활히 할 수 있다.

● 손으로 쥐어 물기가 스며 나오지 않는 정도의 촉촉한 상태를 뜻한다.

2. 습 도

- 시설재배의 경우 하우스 외부 기온이 높을 때에 환기를 오랫동안 하면 토양과 잎이 건조하여 수분 부족을 겪게 되므로 자주 관수를 하여 건조를 막아준다.
- 다습할 경우에는 노균병 등 곰팡이병 발생이 많아지므로 환기와 관수량을 적절히 조절해 준다.
- 동계 시설재배 시 이중터널을 씌워 월동재배를 할 경우 다습하지 않도록 해야 한다.

······ 유기재배지에서 물 관리의 기본은? ······

※ 효과적인 작물 생산과 수질의 보호를 위해서 토양유기물과 토양생물들의 활동이 필수적이다. 이를 위해 다음 사항을 고려한다.

● 토양 유기물을 증가시킨다.
● 유거수(지표면을 흐르는 빗물) 발생과 물의 침식현상을 방지할 수 있는 보존방법을 이용한다.
● 작물재배지와 물의 공급지 사이에 양분과 토사의 이동방지를 위해 완충지를 만든다.
● 관개수를 관리하고 모니터링 하며 양분흡수를 증대시키는 방법을 시행하고 양분의 용탈을 경감시킨다.

1. 온도 관리

- 상추는 호냉성으로 서늘한 기후에서 잘 자라는 채소이다.
- 봄·가을은 상추의 생육적온과 일치하기 때문에 적절한 환기만으로 온도 조절이 가능하다.
- 고온에 약하므로 여름철 온도 관리에 주의를 요한다.

······ 고온 극복을 위한 시설 내 조치사항 ······

- 차광망, 알루미늄 스크린 차광, 포그(fog)분무 설치 등이 있다.

2. 온도가 생육에 미치는 영향

- 상추는 생육초기에는 비교적 고온에서 잘 견디나 생육 중 24℃ 이상의 고온이 되면 생육이 저해된다.
- 생육 최저온도는 5℃ 전후로 이보다 낮은 온도에서는 거의 생육이 정지되어 수확을 못하게 된다.
- 파종 후 종자 발아 시 8℃ 이하의 저온에서는 발아가 늦어지고 30℃ 이상이 되면 발아율이 현저히 저하된다.
- 생육기간 중 온도가 적정온도보다 높아지면 추대를 하거나 쓴맛이 증가하여 상품성이 낮아지고 병해충에 약해진다.

생육시기	적정온도
종자 발아적온(파종)	15~20℃
생육적온	15~20℃
생육 최저온도	5℃ 전후
동해 온도	0℃ 전후

Ⅳ. 광(일장 · 광도) 관리

1. 광(일장 · 광도) 관리요령

- 상추는 비교적 낮은 광도에서도 광합성을 원활히 할 수 있는 채소이나 가급적 빛을 잘 받을 수 있도록 관리해야 생육속도와 생산량을 증대시킬 수 있다.
- 보온을 위한 피복 시 일출과 동시에 피복물을 제거하여 빛이 많이 들어올 수 있도록 관리한다. 이때 30분간 온풍기를 틀어주면 비닐 천정에 맺힌 물방울과 안개를 제거하고 빛이 잘 투과하여 겨울철 생산량을 증가시킬 수 있다.

- 여름철 고온기에 시설 내 온도상승을 막기 위해 차광을 할 때는 차광률 35% 이하의 흑색 차광망을 사용한다.
- 차광률이 35%를 넘을 경우에는 상추가 웃자라며 추대가 빨라져서 수량이 떨어지므로 차광망 사용에 유의해야 한다.
- 차광 수준이 25%일 때 상추엽 내 비타민 함량이 가장 높다.
- 차광 정도가 증가할수록 상추엽 내 질산태질소(NO_3–N) 함량도 함께 증가한다.

2. 광(일장 · 광도) 관리와 추대

- 잎상추 재배 시 일단 추대가 발생하면 일정기간 생산이 중단되므로 추대관리가 중요하다.
- 추대를 막기 위해서는 정식 후 생육초기(10매엽 이내)의 일장을 8시간 이하로 재배한다.
- 생육후기의 온도를 15℃ 정도로 낮추어 꽃눈 발생과 추대가 일어나지 못하도록 관리한다.

V. 연작장해 관리

1. 상추의 연작장해

- 다른 작물에 비해 연작어 견디는 힘이 약하다.
- 연작피해 시 최소 2년 이상 휴작을 해야 한다.
- 상추는 토양 내 염류농도가 높으면 생육이 크게 저해를 받는데, 전기전도도가 2.0mS/cm 이상이면 생육이 어렵다.

2. 연작장해 발생원인

- 병해충 및 선충 밀도 증가
- 염류집적 및 토양의 물리 · 화학성 악화
- 토양 비배관리 불량
- 토양유기물 부족
- 배수불량에 의한 습해

3. 연작장해 대책

가장 확실한 대책은 다른 작물과 2~3년 정도 윤작을 하는 것이나 연작이 불가피할 경우 각 원인별로 시설 환경을 조절해 주어야 한다.

- **토양물리성 개선**

  - 깊이갈이를 하고 유기물을 투입한다.

  - 토양개량제를 사용한다.

  - 배수를 철저히 한다.

- **토양화학성 개선**

  - 연작으로 인한 토양의 화학성 악화는 거의 염류집적에 의한 것이다.

  - 인산, 칼리, 칼슘, 마그네슘 집적이 많아 다른 성분과 길항작용을 한다.

  - 토양성분을 검정 후, 성분별 시비량을 조절한다.

- **담수에 의한 토양소독**

  - 작물 재배 후 여름철 고온기에 토양 담수 상태로 2~3주간 방치한다.

  - 토양을 혐기상태로 유도하여 밭 상태에서 번식이 왕성한 병원균과 선충을 방제한다.

  - 제염효과로 염류농도 저하에 도움이 된다.

- **태양열에 의한 토양소독**

  - 태양열소독은 시설 밭토양에 물을 대고 투명비닐로 멀칭하여 표토 온도를 60℃ 정도 상승시킨 뒤 30일 정도 방치한다.(78페이지 참조)

  - 가열소독은 소량의 상토재료 소독에 적합하며 토양을 80℃ 정도 가열한다.

  - 열수관주소독은 토양에 65℃ 이상의 물을 주입하여 소독한다.

요 인	대 책
토양 전염성 병해충	태양열소독, 저항성 품종 이용, 종묘 소독, 윤작, 이병주 발견 즉시 제거, 피해포장 수확 후 담수, 심경, 유기물 시용, 산도교정, 작기의 이동, 길항미생물의 이용
염류 집적	염류제거(담수 포함), 시비개선, 유기물 시용, 심경
무기요소 불균형	토양진단에 의한 시비개선, 유기물 시용, 심경
습 해	배수시설 정비, 유기물 시용, 높은 이랑 재배

Part 05

병해충 및 생리장해

Ⅰ. 병해

1. 균핵병 (Sclerotinia Rot, 菌核病)

✚ 병원균 및 병징

- **병원균**: *Sclerotinia sclerotiorum*
- 균의 생육온도 범위는 1~30℃이고 생육적온은 20~24℃이다.
- 식물체의 지제부(토양과 지상부의 경계 부위)가 담갈색으로 물러져 썩고 진전되면 흰 균사가 자라면서 그루 전체가 썩는다. 감염후기에는 부정형의 검고 큰 쥐똥 같은 균핵이 형성된다.

상추의 균핵병 발병 모습

균핵병에 의한 피해

✚ 발병조건 및 전염경로

- 병원균은 병든 식물체의 조직 및 토양 내에서 균핵의 형태로 월동한 다음 발아하여 자낭포자를 형성한다.
- 자낭포자는 식물체의 약한 부위에 부착하여 침입하며 균핵 및 균사체로부터 발아한 균사가 식물체를 직접 침해하기도 한다.

- 습도가 높고 기온 15~25℃의 서늘한 상태에서 발생이 심하다.

✚ 방제방법

- 담수가 가능한 곳에서는 여름철에 한 달 이상 물을 대어 균핵을 부패시키는 것이 가장 효과적이다.
- 병든 식물체는 그 주변의 흙과 함께 일찍 뽑아내어 땅속 깊이 묻거나 불에 태운다.
- 균핵병균의 비기주 작물로 윤작한다. 브로콜리와 윤작하면 병 발생을 억제할 수 있다.

2. 노균병(Downy Mildew, 露菌病)

✚ 병원균 및 병징

- **병원균**: *Bremia lactucae*
- 병원균의 생육온도 범위는 1~19℃이며 적온은 10~15℃이다. 번식체인 포자낭은 공기 중으로 쉽게 퍼지며 다습할 때 발생이 심하다.
- 전 생육기에 발생되며 초기에는 잎 표면에 부정형의 퇴록반점이 생기고 담황색을 띠는데 주로 아래쪽 잎부터 발생된다.
- 잎 뒷면에는 하얀 이슬 같은 곰팡이가 다량 형성되며 병든 잎은 갈색으로 변해 썩고 말라 죽는다.

✚ 발병조건 및 전염경로

- 병원균은 병든 식물체 내에서 난포자 상태로 월동하는데 발병 적온

에서 상대습도가 96~100%일 때 수 시간 내에 식물체로 침입한다.

- 오전 10시까지 잎에 이슬이 맺혀 있는 기간이 3~4일 지속되면 심하게 발병한다.

✚ 방제방법

- 병든 잎은 초기에 제거하여 불에 태우거나 땅속 깊이 묻는다.
- 포장을 청결히 하고 잎에 물방울이 장시간 맺혀 있지 않도록 관리한다.
- 환기를 철저히 하고 토양이 과습하지 않도록 한다.
- 난황유나 베이킹파우더를 이용한다. (75~77페이지 참고)

상추의 노균병 발병 모습

3. 시들음병(Fusarium Wilt, 萎黃病)

✚ 병원균 및 병징

- **병원균**: *Fusarium oxysporum*
- 병원균은 기주 식물 없이도 토양 중에서 수년간 생존한다.
- 주로 생육중기 이후에 발생한다. 아래쪽 잎부터 활력이 떨어지고 황화 위축되며 서서히 시들어 죽는다.
- 기온이 따뜻하면서 건조하면 그루 전체가 말라죽는데 뿌리를 절단해보면 도관부가 암갈색으로 썩어 있다.
- 시설재배 연작지에서 많이 발생된다.

✚ 발병조건 및 전염경로

- 토양 온도가 16℃ 이하일 때는 잘 발생하지 않고 25~28℃ 내외에서 병 발생이 가장 심하다.
- 일반적으로 산성토양과 사질토양에서 발생이 많으며 미숙퇴비를 사용할 경우 잔뿌리가 손상되어 발생이 심해진다.
- 병원균은 주로 흙 입자이 묻어 먼 거리를 이동할 수 있다.

✚ 방제방법

- 연작을 피하고 병 발생이 심한 토양은 5년 이상 윤작을 한다.
- 석회 시용으로 토양 산도를 높이고(pH 6.5~7.0) 토양선충이나 토양 미소동물에 의해 뿌리에 상처가 나지 않도록 한다.
- 미숙퇴비 시용을 금하고 토양 내 염류 농도가 높지 않게 주의한다.
- 토양을 장기간 담수하거나 태양열소독을 하면 병원균의 밀도를 낮출 수 있다.

4. 잿빛곰팡이병(Gray Mold)

✚ 병원균 및 병징

- **병원균**: *Botrytis cinerea*
- 생육온도 범위는 5~30℃이고 생육적온은 22~24℃이며 분생포자와 균핵은 22~24℃에서 가장 잘 형성된다.
- 잎과 지표 부분의 포기에 발생한다.
- 처음에는 담갈색 수침상의 작은 병반이 형성되고 급속히 확산되어 잎과 그루 전체가 부패한다.
- 잎 끝부분에 감염이 시작될 때는 잎이 갈색으로 오그라들고 다른 잎으로 전염된다.
- 상추 밑동 부분의 병반에서는 부정형의 검은 균핵이 형성되며, 병반상에는 잿빛의 곰팡이가 밀생한다.

상추의 잿빛곰팡이병 발병 모습

✚ 발병조건 및 전염경로

- 기온이 20℃ 내외이고 습도가 높을 때 많이 발생하며 특히 시설재배지에서 피해가 크다.

- 병원균은 병든 부위에서 균핵 혹은 분생포자의 형태로 월동하여 1차 전염원이 된다.

✚ 방제방법

- 환기가 불량하거나 토양이 과습하지 않도록 주의한다.
- 너무 밀식하지 말고 질소비료의 과용을 피한다.
- 이병 잔사물은 발견 즉시 제거한다.
- 비타민을 포함한 항산화제들이 100ppm 정도의 농도에서 효과를 나타낸다.

5. 흰가루병(Powdery Mildew, 白澁病)

✚ 병원균 및 병징

- **병원균**: *Podosphaera fusca*
- 생육온도 범위는 10~30℃이고 발병적온은 15~25℃ 정도이다. 습도는 30% 이상이면 크게 영향을 받지 않는다.
- 잎의 전면에 고르게 발생하는데, 잎의 윗면에 밀가루 같은 흰 균사가 형성된다. 간혹 줄기에도 발생하며 초기에는 잎에 국부 얼룩반점을 형성한다.

✚ 발병조건 및 전염경로

- 일교차가 10℃ 이상인 혼절기에 발생이 심하다. 일조부족과 통기불량, 건조, 비절 등이 병 발생을 조장한다.
- 상추 흰가루병은 최근에 보고된 병해이나 전국적으로 발생하고 있다.

- 상추의 생장을 심하게 억제시키며 수량과 품질을 떨어뜨리는데 병 발생이 심할 경우 수확량이 50% 이상 감소된다.

✚ 방제방법

- 환기와 통풍을 철저히 하고 일교차가 크지 않도록 하며 일조량이 부족하지 않게 환경을 개선한다.
- 너무 밀식하지 말고 질소비료의 과용을 피한다.
- 이병 잔사물은 발견 즉시 제거한다.
- 난황유 처리를 한다.(75~76페이지 참조)

상추의 흰가루병 발병 모습

Ⅱ. 충 해

1. 꽃노랑총채벌레 (Western Flower Thrips)

➕ 해충의 특성 및 피해증상

- **학명**: *Frankliniella occidentalis*
- 성충은 1~2mm 정도로 작고 몸통은 담황색 또는 연한 갈색을 띠며 막대기 모양의 긴 시맥에 긴 털이 규칙적으로 붙어 있는 날개를 가지고 있다.
- 유충은 유백색 또는 황석으로 날개가 없다.
- 알은 0.3mm 정도로 아주 작고 길쭉하며 식물체 내 부드러운 조직 속에 있다.
- 총채벌레는 갉아서 흡즙하는 해충으로, 피해 증상은 작고 붉은 반점으로 나타나며 가운데가 희게 보이기도 한다.
- 어린잎은 뒤틀리거나 구부러져 기형이 되고 발생이 심할 경우 식물 전체의 생육이 위축된다.
- 고온 건조할 때 발생이 심하며 피해가 크다.

총채벌레에 의한 상추 피해

- 알에서 성충까지 한 세대를 완료하는 데 25℃에서 17일 정도 소요된다.
- 유충은 식물체의 연한 조직을 가해하며 일주일 후 번데기가 된다.
- 번데기에서 1주일 후 성충이 되며 암컷은 식물의 표면에 20~170개의 알을 낳는다. 부화하는 데는 5~7일이 소요된다.

+ 방제방법

- 애꽃노린재, 포식성 이리응애 등의 천적을 이용한다.
- 마늘과 고추를 이용한 혼합액을 희석하여 사용했을 때 효과가 있는 것으로 보고되었다.(78페이지 참고)
- 님 오일(Neem Oil)이 효과적이나 총채벌레 유충을 억제하므로 효과 발현이 다소 늦다.
- 난황유 단독 사용은 방제 효과가 높지 않으나 난황유에 마늘즙액이나 고추씨 추출물 혹은 님 오일을 혼합하여 7일 간격으로 살포할 경우에는 효과적으로 총채벌레를 방제할 수 있다.

2. 목화진딧물(Cotton Aphid)

+ 해충의 특성 및 피해증상

- **학명**: *Aphis gossypii* Glover
- 유시충과 무시충의 형태가 있으며 유시충은 1.4mm로 황갈색, 녹색, 분홍색 등 색 변이가 심하고 무시충은 1.5mm로 녹황색, 암녹색, 검은색을 띤다.

- 암컷은 70개의 알을 낳아 짧은 시간에 밀도가 급격히 증가한다.
- 성충, 약충 모두 기주 식물의 잎 뒷면과 순 등에 서식하면서 즙액을 흡즙하여 잎을 위축시키고 생육을 저해한다.
- 특히 진딧물은 바이러스를 전염시키고 감로를 분비하여 잎 표면에 그을음병을 유발하며 동화작용을 저해한다.

✚ 발생생태

- 작물에서 10여 세대를 단위생식으로 번식하는데 7~8월의 고온기에는 밀도가 줄지만 9월부터 번식이 왕성해진다.
- 연간 6~22세대를 발생하며 한 세대 발육기간은 약 8일, 생식기간은 19일, 수명은 약 29일 정도이다.

목화진딧물(무시성충)

도화진딧물(유시성충)

✚ 방제방법

- 진딧물류는 연중 발생하므로 발생초기에 방제하는 것이 무엇보다 중요하다.
- 천연 방제제로는 님 추출물이나, 제충국 추출물이 효과가 있는 것으로 보고되었다.

- 난황유를 예방책으로 사용할 경우에는 발생을 크게 줄일 수 있으며
발생 후에도 5~7일 간격으로 2~3회 흠뻑 살포하면 방제할 수 있다.

3. 뿌리혹선충 (Root Knot Nematode)

✚ 선충의 특성 및 피해증상

- **학명**: *Meloidogyne spp.*
- 혹 내부의 선충은 암수의 모양이 완전히 다르다.
- 암컷은 서양배 모양으로 길이 0.4~0.8mm에 폭은 0.3~0.5mm 정도인데 비해 수컷의 길이는 1.0~1.9mm의 실모양이고 구침이 17~32㎛이다.
- 연작 하우스에서 많이 발생하며 생육저해를 야기하여 키가 자라지 못하게 하며 뿌리부에 혹을 형성하여 뿌리 발육을 억제한다.

뿌리혹선충에 의한 피해

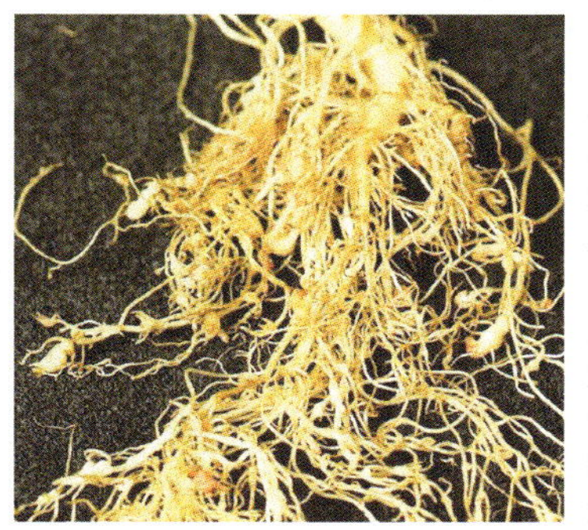

- 종에 따라 발육조건은 다르나 비슷한 생활습성을 가진다.
- 곤충과 달리 알 속에서 1회 탈피한 1령 유충이 부화하여 2령 유충이 되고 뿌리 속으로 침입하여 세 번 탈피 후 성충이 된다.
- 뿌리 속에서 양분을 흡즙하여 그 주위세포가 비대해져서 혹을 만들게 되고 이곳이 선충의 양분 공급처가 된다.
- 암컷은 몸 뒷부분이 뿌리 곁쪽으로 향하고 음문 옆의 분비선에서 젤라틴 같은 물질을 뿌리 곁으로 분비하여 알을 낳는다.
- 제1세대 기간은 24~30℃에서 28~35일, 온도가 낮을 때는 50일 정도 걸린다.

✚ 방제방법

- 선충방제의 기본은 건강한 토양을 유지하는 데 있다. 선충은 기주를 직접 죽이지 않으나 완전 방제는 어려우며 예방이 중요하다.
- 피복작물 이용, 윤작, 토양 열소독, 독성이 낮은 천연 살선충제, 선충저항성 품종을 이용하여 피해를 낮춘다.
- 유기물이나 퇴비 자원이 선충군집에 영향을 미치는데, 대부분의 선충은 갑각류(새우나 게 등)의 껍데기를 부숴 만든 키틴 물질에 의해 크게 줄어들 수 있다.
- 이전 작기 피복작물로 수단그라스를 이용하면 다음 작기 선충을 감소시킨다. 배추 속에 속하는 겨자나 유채 등이 선충억제에 효과적이다.
- 님케이크(Neem Cake)를 퇴비와 같은 유기질 비료에 섞어 사용하면(20~40kg/10a) 선충에 독성을 보이지만, 다른 유용미생물에는 해가 없다.

- 태양열소독은 선충에 대한 효과적인 방제법의 한 가지이다. 7~8월에 토양에 물을 대고 투명한 비닐을 덮어 4~8주간 덮어 놓는데, 이때 겨자 등의 피복작물의 잔사를 토양에 매몰하고 비닐을 덮으면 더욱 효과적이다.

4. 민달팽이 (Slug)

✚ 해충의 특성 및 피해증상

- **학명**: *Deroceras varians*
- 성충의 길이는 약 60mm이며 보통 담갈색을 띠나 변이가 많다. 등에 3개의 흑갈색 세로줄이 있으며 양측에 2개의 세로줄이 뚜렷하다.
- 알은 투명한 계란형으로 여러 개가 목걸이처럼 연결되어 있는 경우가 많다.
- 몸의 표면을 항상 습하게 유지해야 하므로 습한 날 또는 밤에 지상부를 포식하고 몸 표면에 끈끈한 액을 분비하며 가해를 하므로 피해를 받은 부위는 이 분비물과 함께 지저분한 부정형의 구멍이 뚫린다.
- 시설 내에서는 연중 발생하나 고온다습한 시기에 많이 발생한다.

✚ 발생생태

- 연간 1회 발생하며 흙덩이 사이나 낙엽 밑의 습기가 있는 곳에서 성체로 월동을 한다.
- 월동 후 이듬해 3월경에 활동을 시작하며 6월까지 산란을 한다.

- 알은 작은 가지나 잡초어 30~40개의 알덩어리로 산란하고 부화한 어린 것은 가을에 성체가 되며 낮에는 주로 하우스 내의 어두운 곳, 화분 밑이나 멀칭한 비닐 밑에 숨어 있다가 밤에 나와서 가해한다.

✚ 방제방법

- 발생이 많은 곳에서는 은신처가 되는 작물이나 잡초 등을 깨끗이 제거하고 토양표면을 건조하게 하는 것이 좋다.
- 맥주나 막걸리, 혹은 오이를 컵에 담아 땅 표면과 일치하게 묻으면 달팽이들이 유인된다.
- 특히 적당한 용기에 맥주 50mL와 담뱃가루를 한 개비 분량 혼합하여 토양 표면에 5m 간격으로 설치하면 민달팽이를 매우 효과적으로 유인포살 할 수 있다.

5. 거세미나방류

+ 해충의 특성 및 피해증상

- **학명**: *Spodoptera spp.*

- 거세미나방 성충의 날개 편 길이는 38~45mm로서 회갈색을 띠고 중앙부에 콩팥 무늬가 있고, 성숙한 유충은 40mm 정도의 검은색 또는 진한 회색이다.

- 검거세미나방 성충의 날개 편 길이는 47~48mm이고 몸은 진한 회갈색이며 앞날개의 콩팥 무늬, 칼 무늬, 고리 무늬가 뚜렷하다. 다 자란 유충은 40mm 정도이고 어릴 때는 녹색이나 자라면서 갈색을 띤다.

- 숫검은밤나방 성충의 날개 편 길이는 43~50mm이고 몸은 암회색을 띠고 앞날개에 콩팥 무늬, 고리 무늬가 있고 콩팥 무늬 옆에 두 갈래로 된 칼 무늬가 있다. 성숙한 유충은 거세미류 중 가장 체색이 검다.

- 유충이 작물의 지표 부위를 잘라 일부를 땅속으로 끌어들여 섭식한다.

- 갓 깬 유충은 지상부를 가해하며 3령 이후에는 땅속에 숨어 있다가 야간에만 출현하여 가해하며 늦봄과 초여름에 걸쳐 피해정도가 심하다.

- 어린묘의 경우는 식물 전체를 잘라 놓기 때문에 피해가 크다.

- 상추에는 주로 결구상추의 속을 파먹어 들어가서 피해를 입히고 있다.

+ 발생생태

- 거세미나방은 연 2~3회 발생하는데, 성충은 6월 중순과 8월 중순~10월 상순에 발생한다.

- 흙속에서 유충으로 월동하며 알 기간은 5~6일, 유충 기간은 38일, 번데기는 27일 정도이다.
- 검거세미나방은 연 3회 발생하며 유충으로 땅속에서 월동한다. 성충 발생 1화기는 6월 중순, 2화기는 8월 중순, 3화기는 9월 하순이다.
- 알 기간은 4일이고 유충 기간은 30일, 번데기는 18일이다.

✚ 방제방법

- 으름, 씀바귀, 붉나무, 황련 등의 한방 식물체 추출물이 유충에 대한 섭식 저해활성을 보인다는 보고가 있다.
- 어린 유충의 경우 미생물제인 BT제의 살충효과가 높게 나타난다.

Ⅲ. 생리장해

1. 잎 부패 (칼슘 결핍)

➕ 증상 및 특징

- 기온이 높은 여름에 주로 발생한다. 초기에 잎의 끝부분이나 결구 상추의 바깥 잎이 다갈색으로 변하며 마른다.
- 건조하면 잎이 흑갈색으로 마르지만 수분이 너무 많으면 2차적으로 잿빛곰팡이 등이 번식하여 부패를 가속화시킨다.

상추의 잎 부패 모습

➕ 원인 및 발생환경

- 직접적인 원인은 석회 결핍이다. 고온과 저온 및 건조로 인해 뿌리의 활성이 저하되어 석회의 흡수가 적어지는 경우에 발생한다.
- 초여름 조기 수확을 위해 질소 성분을 과다 투여하거나 고온다습 시 질소를 과잉 흡수할 때 발생한다.
- 비닐 멀칭 등을 하지 않고 재배한 것은 건조기와 겨울철에 생육이 정지되었다가 봄이 되어 급히 자라게 되는 일이 있다. 이때 노화가

진행된 것은 수확기에 고온·건조한 환경 때문에 잎 부패가 발생하기 쉽다.

✚ 대책과 주의점

- 근본적으로 석회가 흡수되기 쉬운 토양 조건을 만들어야 한다.
- 석회를 시용해 토양을 중화시키고 경운을 잘한다.
- 토양을 부드럽게 하고 퇴비를 충분히 시용하여 물리성이 좋게 해야 한다.
- 시설 내에서는 고온·건조 상태가 되지 않도록 관리하고 질소 성분이 과잉되지 않도록 한다.
- 석회는 한 번에 많은 양을 뿌리는 것보다 재배 시마다 적정량을 시용하는 것이 효과적이다.
- 건조할 때는 관수를 해서 적당한 수분을 유지하도록 한다.
- 상추 이외의 채소, 특히 양배추, 배추, 양파 등은 석회를 잘 흡수하므로 되도록 다른 작물과의 윤작이 유익하다.
- 석회는 이동성이 적어 엽면 살포 후의 효과는 오래 지속되지 않는다. 따라서 엽면 살포에만 의존할 것이 아니라 토양의 개량 등 근본적인 대책이 중요하다.

2. 조기 추대

✚ 증상 및 특징

- 고온기에 재배하는 상추는 잎수가 충분히 확보되기 전에 추대에 필요한 적산온도에 도달하여 단기간 내에 추대하게 된다.
- 품종에 따라 다소 차이는 있지만 7~8월의 파종은 위험하다.
- 고온과 장일이 계속되면 조기 추대가 발생하여 수확기간이 짧아지고 생산량이 적어짐과 동시에 품질이 떨어진다.

✚ 원인 및 발생환경

- 품종에 따라 다소 차이는 있지만 모두 고온과 장일에 의해 촉진된다.
- 25℃ 정도부터 온도가 높아질수록 화아 분화와 추대가 촉진되며, 단시간 내에 고온에 처리되어도 그 효과는 누적된다.

✚ 대책과 주의점

- 상추는 25℃ 이상의 고온에서 화아 분화 및 추대가 촉진되므로, 평지에서는 5월 이후의 늦은 봄이나 7월 하순 이전의 여름 재배는 피해야 한다.
- 평지에서는 가능한 이른 봄 또는 8월 이후의 가을 재배를 해야 하며 15℃ 이하의 저온기에는 생육에 적합하도록 보온 재배를 하는 것이 재배기간을 연장할 수 있다.
- 재배 도중 고온으로 인한 추대의 위험이 있을 때는 단일 처리 또는 한랭사 · 한발 등으로 일광을 차단하여 주는 것이 추대를 다소 억제시킬 수 있다.
- 그레이트레이크(Great Lakes) 계통의 결구상추는 고온에 강한 품

종으로 알려져 있다.

3. 질소 결핍증

✚ 증상 및 특징

- 전체적으로 잎이 작아진다. 오래된 잎으로부터 새잎으로 황화가 진전된다. 잎맥 사이로부터 잎 전체가 황화된다.
- 잎이 작더라도 색깔이 진하면 일조부족의 영향이다.
- 오래된 잎의 황화가 잎맥 사이에만 나타나고, 잎맥이 녹색을 띤 경우 마그네슘(Mg) 결핍의 가능성이 크다.
- 잎의 부분적인 황화와 포기 전체가 낮에 시들고 황화 할 경우 응애와 토양병해에 의한 피해로 진단된다.

✚ 원인 및 대책

- 토양의 질소함유량이 낮거나, 볏짚을 지나치게 많이 시용한 경우,

비가 많이 내리거나 잦은 관수로 질소의 용탈이 많은 경우, 사질토
나 사양토와 같이 양이온 치환용량이 적은 토양에서 발생한다.

- 질소는 가장 유실이 잘되는 성분이므로 계획적으로 퇴비를 충분히
시용해서 땅심을 높여주어야 한다.

4. 인산 결핍증

✚ 증상 및 특징

- 오래된 잎부터 나타나며 잎이 작아지고 심하면 적자색을 띤다.
- 생육초기와 저온기에 발생하기 쉬우며 생육이 지연되고 식물체가
딱딱한 느낌을 준다.
- 잎색은 암녹색으로부터 적자색으로 변화한다.
- 저온에 잘 나타나므로 증상 발생시기의 온도를 확인한다. 정식 시
뿌리 잘림에 의한 몸살이 있을 때 결핍증상이 나타나기 쉽다.

✚ 원인 및 대책

- 토양의 pH가 낮거나 뿌리 발달이 불량한 경우, 지온이 낮은 경우
발생한다.
- 산성토양에서는 인산이 철이나 알루미늄과 결합하여 식물이 이용
할 수 없어 결핍증이 나타난다.
- 새로 개간한 토양은 인산이 부족하므로 결핍되지 않도록 퇴비를
충분히 사용하여 불용화되는 양이 적어지도록 교정해 준다.

5. 칼리 결핍증

✚ 증상 및 특징

- 생육이 왕성한 시기에 잎 가장자리로부터 백화현상이 발생한다. 대개 오래된 잎부터 발생하지만 생육 최성기에는 가운데 잎의 선단이 갈변, 고사하기도 하며 잎이 흑갈색을 띤다.
- 잎 가장자리가 황갈색으로 변하고 쭈글쭈글해지며, 오래된 잎은 황화하여 고사한다.
- 생육초기에는 칼리성분이 심하게 부족할 때 발생한다.
- 가스 장해와 비슷한 증상을 나타내므로 시설 내에서는 주의 깊게 진단해야 한다.
- 장기간 저온이 지속되거나 일조부족 시 잎이 황화된다. 잎 가장자리로부터의 황화는 칼리 결핍일 가능성이 높다.

✚ 원인 및 대책

- 칼리는 질소 다음으로 유실되기 쉬운 성분이다.
- 모래땅이나 유기물함량이 적은 토양에서 유실이 잘된다.
- 퇴비를 충분히 사용하여 불용화 되는 양이 적어지도록 교정해 주어야 한다.

6. 마그네슘 결핍증

➕ 증상 및 특징

- 오래된 잎부터 발생이 시작된다. 잎맥 사이에 황화 현상이 나타나고 새잎으로 진전된다.
- 일반적으로 오래된 잎으로부터 새잎으로 황화가 진전된다. 처음에는 잎맥 사이가 황화되거나 황갈색으로 변하는 경우가 있다.
- 증상의 발생이 가운데 잎이면 마그네슘 결핍이고, 상위 잎이면 철·칼슘 결핍의 가능성이 높다.

➕ 원인 및 대책

- 토양 중 마그네슘 함량이 지나치게 적거나, 충분하더라도 칼리가 많으면 결핍증상이 나타난다.
- 토양이 산성화 되면 식물이 마그네슘을 이용할 수 없으므로 산성화 되지 않도록 관리해야 한다.

Ⅳ. 병해충 방제를 위한 유기자재의 활용 기술

1. 난황유

- 난황유란 식용유를 달걀노른자로 유화시킨 유기농 작물보호자재로 거의 모든 작물의 병해충 예방목적으로 활용한다.
- 상추 재배에서는 흰가루병, 노균병, 응애, 진딧물, 총채벌레 등에 대한 예방효과가 높다.

난황유 처리 상추포장

난황유 무처리 상추포장

✚ 만드는 방법

- 소량의 물에 달걀노른자를 넣고 2~3분간 믹서로 간다.
- 달걀노른자 물에 식용유를 첨가하여 다시 믹서로 3~5분간 혼합한다.
- 만들어진 난황유를 물에 희석해서 골고루 묻도록 살포한다.

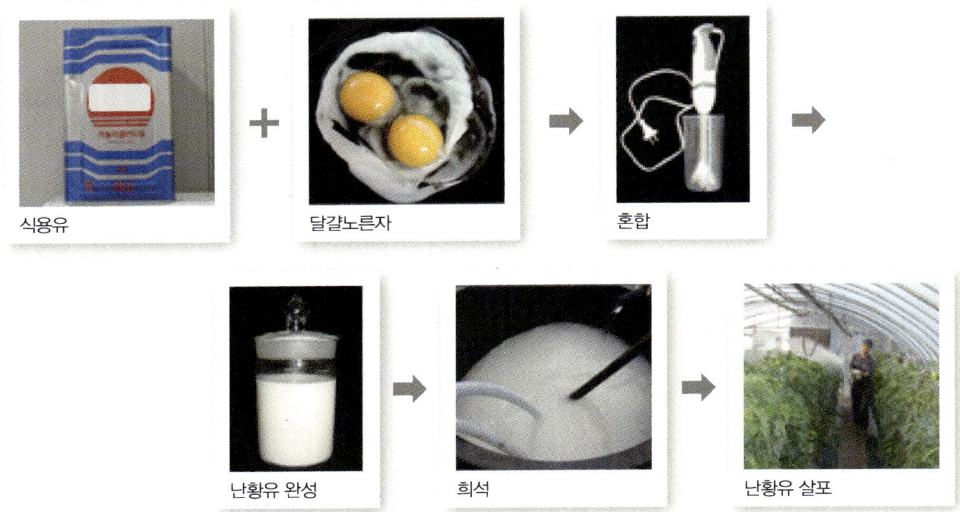

표 1. 살포량별 필요한 식용유와 달걀노른자의 양

재 료	병 발생 전(0.3% 난황유)			병 발생 후(0.5% 난황유)		
	1말 (20L)	10말 (200L)	25말 (500L)	1말 (20L)	10말 (200L)	25말 (500L)
식용유	60mL	600mL	1.5L	100mL	1L	2.5L
달걀노른자	1개	7개	15개	1개	7개	15개

✚ 사용방법

- 예방적 살포는 10~14일 간격, 병 · 해충 발생 후 치료적 목적으로 는 5~7일 간격으로 살포한다.
- 잎의 앞 · 뒷면에 골고루 묻도록 충분한 양을 살포해야 한다.
- 난황유는 직접적으로 병해충을 살균 · 살충하기도 하지만 작물 표면에 피막을 형성하여 병원균이나 해충의 침입을 막아준다. 그러나 너무 자주 살포하거나 농도가 높으면 작물 생육이 억제될 수도 있다.

- 난황유는 꿀벌이나 천적 등에도 피해를 줄 수 있으므로 사용상 주의가 필요하다.

- 5℃ 이하 저온과 35℃ 이상 고온에서는 약해를 나타낼 수 있다.
- 저온·다습 시에는 기름방울기 마르지 않고 결빙되어 약해증상을 나타낼 수 있고, 고온·건조 시에는 기름방울에 의한 작물의 수분 스트레스가 높아진다.
- 작물의 종류, 생육시기, 재배형태 등에 따라 난황유에 대한 반응이 다를 수 있다.
- 농도가 높거나 너무 자주 살포하면 작물에 생육장애가 있을 수 있다.
- 영양제나 농약과 혼용 시 효고가 낮아지거나 약해 발생 우려가 높다.

2. 베이킹파우더

- **대상 병해충**: 흰가루병, 노균병, 잿빛곰팡이병
- 베이킹파우더 20g을 물 1말(20L)에 희석하여 매주 사용했을 때 흰가루병과 다른 곰팡이병을 억제할 수 있다.
- 베이킹파우더는 많은 곰팡이병에 방제효과가 있으나 자주 사용하거나 농도가 높으면 약해가 발생될 수 있으며 토양 pH가 알칼리로 변할 수 있으므로 주의해야 한다.
- 베이킹파우더 단독 사용보다는 천연비눗물이나 난황유 등과 혼합 사용하면 효과를 높일 수 있다.

3. 식물 추출물

- 님 오일(Neem Oil)은 님 트리(Neem Tree)라는 식물의 열매에서 추출한 식물성 기름으로 살충 효과를 가지고 있다. 하지만 천적과 꿀벌에 피해를 줄 수 있으므로 이를 주의한다.
- 마늘과 고추 추출물은 꽃노랑총채벌레 등 각종 해충방제 목적으로 활용한다.
- **만드는 방법 및 사용법**

  ① 믹서에 마늘 두 뿌리와 고추 두 개를 넣고 물을 1/3 정도 채워서 갈아준다. 건더기는 버리고 물을 부어 4L 정도를 만든다.

  ② ①번의 혼합물 1/4컵 분량과 2스푼의 식물성 기름을 섞고 물을 부어 다시 4L 정도로 만든다. 이때 물과 기름이 섞이지 않으면 유화제로 계란노른자를 첨가하여 믹서로 갈아 혼합한다.

  ③ ②번 용액을 잘 섞어 분무기로 살포한다.

4. 태양열소독

- 태양열소독은 기온이 높은 여름철에 물을 대고 투명한 비닐로 멀칭하여 토양 온도를 높여서 병원균을 사멸시키거나 불활성화 시키는 것이다.
- 비닐하우스 재배에서 문제가 되는 선충이나 토양해충을 방제하는데 탁월한 효과가 있으며 토양표면 가까이 있다가 발아하여 올라오는 대부분의 잡초종자는 죽거나 제대로 발아하지 못하게 된다.
- 상추, 오이, 딸기처럼 뿌리를 얕게 뻗는 작물에 침입해서 해를 주

는 병원균들은 방제가 잘된다.

- **작업순서**

① 토양을 20cm 정도 깊이로 경운한다.

② 석회와 유기물을 골고루 살포한 후 작은 이랑을 만든다.

   – **석회**: 200~250kg

   – **유기물**: 미숙퇴비 3,000kg 또는 질소기비량+볏짚 500kg

③ 토양이 포화상태가 되도록 관수한 다음 투명 PE필름으로 밀봉한다.

④ 한 달간 하우스를 밀폐시킨다.

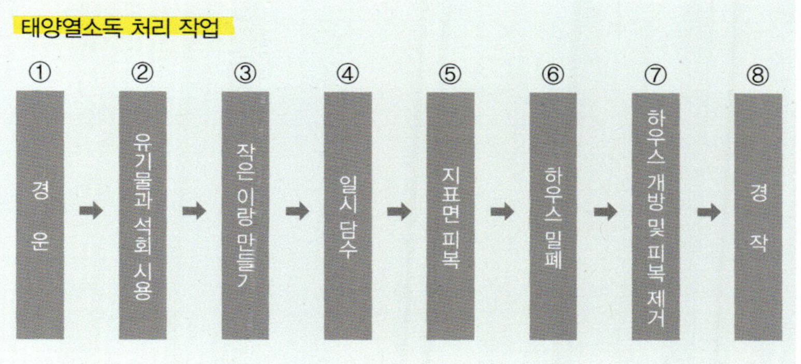

- 노지에서는 상토용 비닐에 10~15cm 두께로 흙을 깔고 10~15일간 방치하여 햇볕에 소독해도 효과적이다.

- 지중가온시설이 보급된 농가에서는 담수처리 후 지온을 50℃ 이상 되도록 하고 5일간 가온할 경우 대다수 토양전염성 병원균과 선충을 방제할 수 있다.

Part 06

수화 및 수화 후 관리

- 잎상추는 정식 후 25~30일경부터 수확이 가능하다. 오후보다는 오전 수확이 신선도 유지와 중량에도 유리하며 4~8℃에 보관 시 신선도 유지가 잘된다.
- 치마상추의 수확은 잎 길이가 15cm 내외에서 수확하는 것이 소비자 기호에 알맞다.
- 상추의 상품 규격은 잎 길이에 따라서 대(21cm 이상), 중(15~21cm), 소(15cm 미만)로 구분하고 있으나 업소에서의 기호성은 중·소 규격이 높다.
- 결구상추는 정식에서 수확까지 2개월 정도 소요되며 품종의 특성이나 재배시기에 따라서 생육기간은 달라진다.
- 결구상추는 1개당 무게를 기준으로 대(500g 이상), 중(300~500g), 소(300g 미만)으로 구분하여 4~8kg으로 포장하여 출하한다.

상추 수확 모습

상추 포장 모습

Ⅱ. 수확 후 관리

- 상추는 수확 후 호흡작용이 왕성한데 잎상추는 결구상추보다 호흡률이 약 2배 정도 더 높다. 온도가 높아지면 잎의 증산량이 더욱 활발해지고 수분 손실이 심하게 되어 상품성을 빨리 잃어버리게 된다.

- 다른 엽채류와 마찬가지로 상추의 에틸렌 생성량은 매우 적으나 에틸렌 가스에 노출되면 생리장해가 쉽게 발생한다.

- 상추는 다른 채소와 과일들과 마찬가지로 항암 및 심장질환 예방에 도움을 주는 카로티노이드계 색소, 플라보노이드계 및 페놀화합물을 함유하고 있다.

- 잎상추에는 여러 가지 카로티노이드 색소가 함유되어 있는데 재배작형과 품종에 따라 이들 성분의 함량이 조금씩 다르다.

- 잎상추는 수확 후 수분의 손실을 최대한 억제하는 처리가 잎의 조직감을 가장 우수하게 유지하는 지름길이다. 결구상추의 조직감은 품질을 결정하는 중요한 요인이다.

- 수확 직후의 결구상추의 품온은 25~30℃로 높기 때문에 산물의 품질이 저하되는 것을 방지하기 위하여 수확 후 곧 예냉을 실시한다.

- 결구상추는 0~5℃에 상대습도 95%가 적정 저장조건이며, 저장수명은 약 3~4주 정도이다.

- 결구상추와 잎상추는 저온저장 시 영하 1℃ 이하로 내려가게 되면 동해를 입게 되므로 0℃ 부근의 온도 관리가 중요하다.

국내 유기농업에 허용되는 자재 목록 (개정 2011.10.13)

표 1. 토양개량과 작물생육을 위하여 사용이 가능한 자재

사용가능 자재	사용가능 조건
○ 농장 및 가금류의 퇴구비 ○ 퇴비화된 가축배설물 ○ 건조된 농장퇴구비 및 탈수한 가금퇴구비 ○ 식물 또는 식물잔류물로 만든 퇴비 ○ 버섯재배 및 지렁이 양식에서 생긴 퇴비 ○ 지렁이 또는 곤충으로부터 온 부식토 ○ 식품 및 섬유공장의 유기적 부산물 ○ 유기농장 부산물로 만든 비료 ○ 혈분·육분·골분·깃털분 등 도축장과 수산물 가공공장에서 나온 동물부산물 ○ 대두박, 미강유박, 깻묵 등 식물성 유박류 ○ 제당산업의 부산물(당밀, 비나스(Vinasse), 식품 등급의 설탕, 포도당 포함) ○ 유기농업에서 유래한 재료를 가공하는 산업의 부산물 ○ 이탄(Peat) ○ 피트모스(토탄) 및 피트모스추출물 ○ 오줌 ○ 사람의 배설물 ○ 해조류, 해조류 추출물, 해조류 퇴적물 ○ 벌레 등 자연적으로 생긴 유기체 ○ 미생물 및 미생물추출물 ○ 구아노(Guano) ○ 짚, 왕겨 및 산야초	○ 농촌진흥청장이 고시한 품질규격에 적합할 것 ○ 지렁이 양식용 자재는 이 목(1) 및 (2)에서 사용이 가능한 것으로 규정된 자재만을 사용할 것 ○ 슬러지류를 먹이로 하는 것이 아닐 것 ○ 합성첨가물이 포함되어 있지 아니할 것 ○ 유해 화합물질로 처리되지 아니할 것 ○ 적절한 발효와 희석을 거쳐 냄새 등을 제거한 후 사용할 것 ○ 완전히 발효되어 부숙된 것일 것 ○ 고온발효: 50℃ 이상에서 7일 이상 발효된 것 ○ 저온발효: 6개월 이상 발효된 것 ○ 직접 먹는 농산물에 사용금지

○ 톱밥, 나무껍질 및 목재 부스러기	○ 폐가구 목재의 톱밥 및 부스러기가 포함되어 있지 아니할 것
○ 나무숯 및 나뭇재	
○ 황산가리 또는 황산가리고토(랑베나이트 포함)	○ 천연에서 유래하여야 하며, 단순 물리적으로 가공한 것에 한함
○ 석회소다 염화물	○ 사람의 건강 또는 농업환경에 위해요소로 작용하는 광물질(예: 석면광, 수은광 등)은 사용할 수 없음
○ 석회질 마그네슘 암석	
○ 마그네슘 암석	
○ 황산마그네슘(사리염) 및 천연석고(황산칼슘)	
○ 석회석 등 자연산 탄산칼슘	
○ 점토광물(벤토나이트 · 펄라이트 및 제올라이트 · 일라이트 등)	
○ 질석(풍화한 흑운모: Vermiculite)	
○ 붕소 · 철 · 망간 · 구리 · 몰리브덴 및 아연 등 미량원소	
○ 칼륨암석 및 채굴된 칼륨염	○ 합성공정을 거치지 아니하여야 하고 합성비료가 첨가되지 아니하여야 하며, 염소 함량이 60% 미만일 것
○ 천연 인광석 및 인산알루미늄칼슘	○ 물리적 공정으로 제조된 것이어야 하며, 인을 오산화인(P_2O_5)으로 환산하여 1kg 중 카드뮴이 90mg/kg 이하일 것
○ 자연암석분말 · 분쇄석 또는 그 용액	○ 화학합성물질로 용해한 것이 아닐 것
○ 베이직슬래그(鑛滓)	○ 광물의 제련과정으로부터 유래한 것
○ 황	
○ 스틸리지 및 스틸리지추출물(암모니아 스틸리지는 제외한다)	
○ 염화나트륨(소금)	○ 채굴한 염 또는 천일염일 것
○ 목초액	○ 「산림자원의 조성 및 관리에 관한 법률」에 따라 국립산림과학원장이 고시한 규격 및 품질 등에 적합할 것
○ 키토산	○ 농촌진흥청장이 정하여 고시한 품질규격에 적합할 것
○ 그 밖의 자재	○ 국제식품규격위원회(CODEX) 등 유기농 관련 국제기준에서 토양개량과 작물생육을 위하여 사용이 허용된 자재로서 농촌진흥청장이 인정하여 고시하는 물질

표 2. 병해충 관리를 위하여 사용이 가능한 자재

사용이 가능한 자재	사용 가능 조건
(가) 식물과 동물	
○ 제충국 추출물	○ 제충국(Chrysanthemum cinerariaefolium)에서 추출된 천연물질일 것
○ 데리스(Derris) 추출물	○ 데리스(Derris spp., Lonchocarpus spp. 및 Terphrosia spp.)에서 추출된 천연물질일 것
○ 쿠아시아(Quassia) 추출물	○ 쿠아시아(Quassia amara)에서 추출된 천연물질일 것
○ 라이아니아(Ryania) 추출물	○ 라이아니아(Ryania speciosa)에서 추출된 천연물질일 것
○ 님(Neem) 추출물	○ 님(Azadirachta indica)에서 추출된 천연물질일 것
○ 밀랍(Propolis)	
○ 동 · 식물성 오일	
○ 해조류 · 해조류가루 · 해조류추출액 · 해수 및 천일염	○ 화학적으로 처리되지 아니한 것일 것
○ 젤라틴	○ 크롬(Cr)처리 등 화학적 공정을 거치지 아니한 것일 것
○ 인지질(레시틴)	
○ 난황(卵黃)	
○ 카제인(유단백질)	
○ 식초 등 천연산	○ 화학적으로 처리되지 아니한 것일 것
○ 누룩곰팡이(Aspergillus)의 발효생산물	
○ 버섯 추출액	
○ 클로렐라 추출액	
○ 목초액	○ 「산림자원의 조성 및 관리에 관한 법률」에 따라 국립산림과학원장이 고시한 규격 및 품질 등에 적합할 것
○ 천연식물에서 추출한 제제 · 천연약초, 한약재	
○ 담배차(순수니코틴은 제외)	
○ 키토산	○ 농촌진흥청장이 정하여 고시한 품질규격에 적합할 것
(나) 광물질	
○ 구리염	
○ 보르도액	
○ 수산화동	
○ 산염화동	

○ 부르고뉴액
○ 생석회(산화칼슘) 및 수산화칼슘 ○ 보르도액 제조용에 한함
○ 유황
○ 규산염 ○ 천연에서 유래하거나, 이를 단순 물리적으로 가공한 것에 한함

○ 규산나트륨
○ 규조토
○ 벤토나이트
○ 맥반석 등 광물질 분말
○ 중탄산나트륨 및 중탄산칼륨
○ 과망간산칼륨
○ 탄산칼슘
○ 인산철 ○ 달팽이 관리용으로 사용하는 것에 한함
○ 파라핀 오일

(다) 생물학적 병해충 관리를 위하여 사용되는 자재

○ 미생물 및 미생물 추출물
○ 천적

(라) 덫

○ 성유인물질(페로몬) ○ 작물에 직접 살포하지 아니할 것
○ 메타알데하이드

(마) 기타

○ 이산화탄소 및 질소가스
○ 비눗물 ○ 화학합성비누 및 합성세제는 사용하지 아니할 것
○ 에틸알코올 ○ 발효주정일 것
○ 동종요법 및 아유르베다식(Ayurvedic) 제제
○ 향신료 · 생체역학적 제제 및 기피식물
○ 웅성불임곤충
○ 기계유
○ 그 밖의 자재 ○ 국제식품규격위원회(CODEX) 등 유기농 관련 국제 기준에서 병해충 관리를 위하여 사용이 허용된 자재로 농촌진흥청장이 인정하여 고시하는 물질